疯狂的生物

植物

洋洋兔·编绘

科学普及出版社

·北京·

图书在版编目（ＣＩＰ）数据

疯狂的生物. 植物 / 洋洋兔编绘. -- 北京 : 科学
普及出版社, 2021.6 （2024.4重印）
　ISBN 978-7-110-10240-4

　Ⅰ.①疯… Ⅱ.①洋… Ⅲ.①生物学－少儿读物②植
物－少儿读物 Ⅳ.①Q-49②Q94-49

中国版本图书馆CIP数据核字(2021)第000921号

目 录

什么是植物

白牡丹，花中王；牵牛花，喇叭响；路边排排小白杨，松柏四季披绿装……

我们身边有许多植物，你可能叫不出它们的名字，但还是可以一眼认出它们是植物。

什么是植物呢?
　　植物是一大类生物，它的细胞一般都有细胞壁。植物一般都有叶绿素，能进行光合作用，多以无机物为养料，是固定生活在一个地方的自养型生物。它没有神经，但能对外界环境的刺激作出反应。

植物不就是花草树木吗?

这样说可不准确，来看看科学家是怎么区分植物的吧!

植物界的四大"家族"

地球上有五十多万种植物，它们的样子千差万别，但全都来自四个"家族"。

藻类植物
春天的时候，湖水经常会泛起绿色，那就是藻类植物的"功劳"。

苔藓植物
夏天时，阴湿的地上经常会长出苔藓植物，像绿色的地毯一样。

蕨类植物
蕨类植物喜欢湿热，它们的小叶片像羊的牙齿，因此又叫羊齿植物。

种子植物
种子植物就是能结种子的植物，是地球表面绿色的主要类群。

它们可以算得上植物界的"四大家族"。

5

喜欢水的"家族"——藻类植物

藻类植物这个"家族"大都喜欢水，它们大多数生活在水里。藻类构造简单，既有小不点儿，小到只有一个细胞，要用显微镜才能看清；也有巨无霸，大到可以长达几米。

藻类植物比较低等，没有根、茎、叶。

根 ☒
茎 ☒
叶 ☒

不喜欢光的"家族"——苔藓植物

苔藓植物是不喜欢强光的"家族"，它们对环境不挑剔，喜欢躲在潮湿的地方，比如阴湿的土壤、树皮、沼泽、溪边、屋瓦上等，都能活得很好。

苔藓植物有类似根、茎、叶的结构，但并不是真正的根、茎、叶。

根 ☒
茎 ☒
叶 ☒

长着"羽毛"的"家族"——蕨类植物

　　蕨类植物大多都长了一身像鸟儿那样的"羽毛"，看起来非常漂亮，所以经常被人们拿来观赏、装饰房间。不过，它们是一个爱热闹的"家族"，喜欢聚在温暖的森林里。

根 ☑
茎 ☑
叶 ☑

蕨类植物有根、茎、叶，体内有较原始的维管组织，所以有些能长得比较高大，而且茎多半会藏在地下。

我插上羽毛，像蕨类植物吗？

势力最庞大的"家族"——种子植物

　　种子植物是势力最庞大的"家族"，有一半以上的植物都出自这个大家族。家族里的成员有的威猛雄壮，长成参天大树；有的身材矮小，长成随处可见的野草。

果子都是我的。

种子植物分为被子植物和裸子植物，其中被子植物具有根、茎、叶、花、果实、种子六大器官。

根 ☑
茎 ☑
叶 ☑
花 ☑
果实 ☑
种子 ☑

植物的"嘴巴"——根

　　我们都需要吃饭，吃了饭才能生长和生存，植物也不例外。人和动物用嘴巴吃饭，而植物的"嘴巴"就是根。

　　根大多长在地下，它们会从土壤中吸收植物生长所需要的水分和营养。

> 根可以从土壤中吸收水和矿物质，有一层坚硬的表皮保护。

> 好硬啊，咬不动。

根毛

表皮

须根系

直根系

根系可以分成两种，一种叫直根系，一种叫须根系。直根系中有一条强壮的主根长在中央，周围有许多侧根。须根系没有明显的主根，所有的根都像胡须一样细长。

细细的根毛一旦折损，还会迅速地长出新的来。

根毛

表皮

植物的"运输管道"——茎

你知道什么是茎吗？平时我们看到的树干、树枝、秸秆都是植物的茎。

茎连接着根和叶子，就像人的血管一样，担负着整个植物的运输任务。茎里面藏着导管和筛管两种管道：导管运送水和矿物质，筛管运送有机养分。

瞧，植物茎的横切面上，其实有很多孔，那些就是导管和筛管。

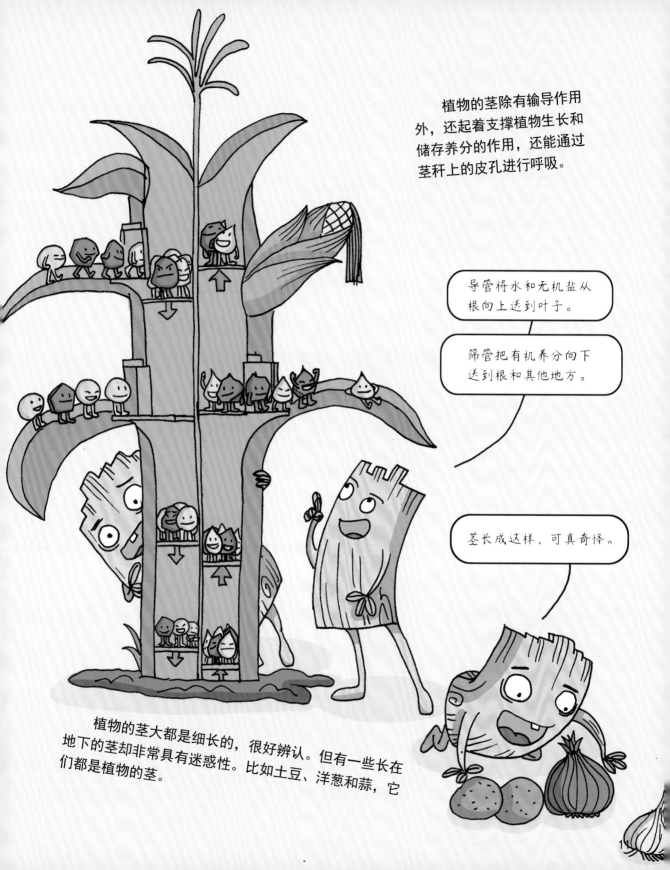

植物的茎除有输导作用
外，还起着支撑植物生长和
储存养分的作用，还能通过
茎秆上的皮孔进行呼吸。

导管将水和无机盐从
根向上送到叶子。

筛管把有机养分向下
送到根和其他地方。

茎长成这样，可真奇怪。

植物的茎大都是细长的，很好辨认。但有一些长在
地下的茎却非常具有迷惑性。比如土豆、洋葱和蒜，它
们都是植物的茎。

植物的"生产工厂"——叶

看起来平平无奇的叶子，你再熟悉不过了，其实每片叶子里都藏着很多"生产工厂"。虽然听不到机器的轰鸣声，但这些工厂每天都在忙碌着。

叶子上藏有许多看不到的小孔，可以让空气进去。空气中的二氧化碳和根茎运来的水，就是叶片工厂的生产原料。

叶柄

叶脉

开门，我们来送货啦！

空气

工厂开工需要太阳光。大部分的叶片宽大平展，就像一块块太阳能板，是为了能够接收更多的太阳光。

我也离不开太阳。

植物生长离不开太阳。

有了水和二氧化碳，在阳光的照射下，叶片就开始工作了。它可以将水和二氧化碳转变成有机物和氧气。有机物供植物自己使用和积累，氧气则被"排放"出去。这个奇妙的过程，就叫光合作用。

二氧化碳

氧气

植物最漂亮的部位——花

像动物一样，植物也需要繁殖后代，也有生殖器官。花，就是被子植物的生殖器官。被子植物孕育下一代，都是从花开始的。

一朵典型的花，包括了花柄、花托、花萼、花瓣、雌蕊和雄蕊。雄蕊里含有花粉，传到雌蕊里就能孕育繁殖了。

很多花的花粉要和雌蕊相见，需要通过其他媒介才行，就好比相亲时需要媒人来介绍一样。风、水、鸟、昆虫都是花的"媒人"。很多花又美又香，就是为了吸引鸟儿和昆虫来采蜜，把花粉沾在它们身上，让它们带到雌蕊上。

花瓣

花药 ⎫
花丝 ⎬ 雄蕊

柱头 ⎫
花柱 ⎬ 雌蕊
子房 ⎭
花柄

萼片

花托

有一些花，它们的雌蕊和雄蕊分别长在不同的花朵里，就像动物分雌雄一样，这些花也分成了雌花和雄花，南瓜和黄瓜的花就是这样的。

果实和种子

看起来很好吃。

果实和种子是植物的另外两个繁殖器官。实际上，果实包括了果皮和种子，是由受粉后的雌蕊长成的。

这枚桃子是一个果实，里面的桃仁就是种子，是由花的胚珠发育成的；桃核外面的部分都是果皮，是由花的子房发育成的。

我们常吃的水果，其实是在吃它们果实的果皮。

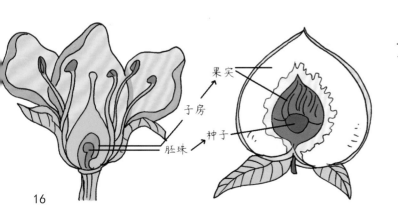

子房
胚珠
果实
种子

果实的作用是帮助植物传播种子。桃子、杏等果实的果肉又厚又香甜，有些动物会来采集这些果实，将它们作为食物。

动物吃掉果实的可口果肉后，会把坚硬的种子丢到地上。

种子落在土壤里，当水分、空气和温度达到合适的条件时，它就会发芽、生长。这样，一株新的植物就诞生了。

种子伤人疑案

种子的传播非常重要。我们曾侦破过一起种子伤人案，发现了许多种子的传播方法。

伤人的凶手，最后可是我发现的。

螳螂经过河边，莫名其妙地被砸晕了，现场留下了凶器——一颗黑乎乎的圆球。

这是一颗植物的种子。

种子？凶器竟然是种子？

受害的螳螂告诉我们，它怀疑是野葡萄干的，因为野葡萄非常讨厌它。

是不是你用种子打伤了螳螂？

它的种子藏在葡萄里。我吃掉葡萄后，会帮它把种子传播到别的地方。看，它的种子是这样的。

不是我！小鸟可以作证。

我们又去询问蒲公英，因为它昨天刚和螳螂吵过嘴。

不是我！我的种子很轻，像一个个小伞兵，风一吹就飞走啦！不会伤到别人的。

不远处传来了争吵声。我们赶过去一看，原来是兔子和苍耳。

好啊，凶手原来是你！是你用种子打伤了螳螂！

不是我！

苍耳把什么东西扎在了我的毛上？

我的种子长着很多倒刺，是为了等待兔子、山羊等动物经过时挂在它们的毛皮上，让它们帮忙带到其他地方，再进行传播。

接着，我们又来到河边调查。螳螂在河边被打伤，莫非是河里的睡莲……

当然不是我，我的种子只能顺着河水流动。

正当案件陷入僵局时，我们计划再去找螳螂搜集更多的
线索。刚走到河边，忽然，前方"啪"的一声，一个黑乎乎
的东西飞了过来……

哎呀，什么东西？

我们仔细一看，飞来的那颗圆
球竟然和打伤螳螂的圆球一样，是
一颗种子。

凤仙花，凶手竟然是你！

我不是故意打伤螳螂的，只
是在传播种子而已。我们传
播种子的方式比较特别，果
实炸裂时会把种子射出去。

真相总算大白了，凤仙花传播
种子误伤了螳螂，情有可原。

植物的一生

土里好黑、好潮湿呀！

我是一颗种子。这个温度真舒服，我想要钻出去。

想要出去，我得先生根。

有了根，我才能站得更稳。然后，我要准备发芽了。

终于可以出来透口气啦！可惜，头上的叶子有点儿少，还得努力长出更多的叶子才行。

我长大了，而且变得很强壮。

我的花期到了，头上开满了花朵，这是我一生中最漂亮的日子。

我辛辛苦苦结的果实，却被这些动物吃了个精光。

这就是我的生长过程！

现在，我的孩子也要开始长大了。

植物每天在干什么

我宁愿每天都睡觉。

人们每天都要吃饭、上班、上学……那植物每天都在干什么呢？

植物不能走动，不能说话，每天都静悄悄的，似乎什么都没有做。但其实植物可一点儿都没闲着，每天都会进行光合作用、呼吸作用和蒸腾作用。

植物一天必做的事

光合作用
白天进行，夜晚停止。

呼吸作用
白天活跃，夜晚减弱。

蒸腾作用
白天快，夜晚慢。

每当太阳升起的时候，植物就开始忙着进行光合作用了。在太阳光的照射下，植物将二氧化碳和水转化成氧气和有机养分。有机养分在植物体内转变成淀粉储存起来，氧气则被释放出来。

阳光充足，光合作用就会加快。

光合作用过程中所产生的淀粉，可以为动物提供食物。

25

二氧化碳

二氧化碳

氧气罐

和动物一样，植物也会呼吸。植物的呼吸作用和光合作用是正好相反的。光合作用将二氧化碳和水转化成氧气和淀粉。呼吸作用则是将氧气和淀粉转化成二氧化碳和水，并释放出能量。

水

加入氧气

葡萄糖

能量仓

能量

淀粉仓库

植物呼吸作用的实质是分解有机养分、释放能量。

你买过瓜果吗？我国西北地区的瓜果非常甜，你知道为什么吗？告诉你，这其实与植物的光合作用和呼吸作用密切相关。光合作用和呼吸作用影响着植物的生长。

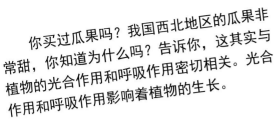

光合作用 ＞ 呼吸作用

瓜果的甜味来自糖，糖越多越甜。光合作用可以生产糖，呼吸作用则消耗糖。如果光合作用产生的糖比呼吸作用消耗的糖多，瓜果就会有甜味。

我国西北内陆地区夏季太阳光照的时间长、温度高，瓜果能产生更多的糖。到了晚上，温度下降得很快，瓜果的呼吸作用也会迅速下降。这样，积累的糖就会更多，瓜果自然就更甜啦。

人在天热的时候会出汗，而植物也会出汗。只不过植物的汗是无形的水蒸气，我们的眼睛看不到。植物这种特殊的出汗方式，就是蒸腾作用。

你还记得植物叶子上的气孔吗？蒸腾作用就是通过这些气孔把水分排出去的。

白天，植物沐浴在阳光下，叶子上的气孔就会张开，出汗降温。夜晚，没有了太阳的照射，气温降低，气孔就会慢慢关上，蒸腾作用也就几乎没有了。

蒸腾作用非常重要，它可以引起植物根部吸水。因为根、茎、叶中的导管连接成一个水柱，叶片蒸腾掉水分，很容易缺水，下面的水就会被"拉"上去补充。

我们用一个简单的实验就可以弄明白是怎么回事：用一个架子把一块吸了水的海绵、一根毛细玻璃管还有半杯水固定好。当海绵中的水分不断蒸发时，你会发现，杯子里的水会缓缓顺着毛细玻璃管上升。

这块海绵就好比叶子，缺水后会产生吸力，下面的水就会被吸上来。

植物长得高和长得壮的秘诀

你知道植物长得高和长得壮的秘诀吗？

植物主茎的顶端在生长中具有优势，叫作顶端优势。这个部位不仅生命活动最旺盛，而且还会抑制下面侧枝的生长。

你可能想不到，植物竟然可以控制自己长高或长壮。

离顶端越近的侧枝被抑制得越明显，离顶端越远则越不容易被抑制。

如果想让植物长得更高，可以摘除侧枝侧芽，增强植物顶端的优势。

如果想让植物长更多的侧枝，看起来更壮，可以考虑把植物的顶端去掉。

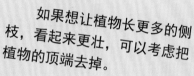

园艺师修剪果树花木，就是利用了植物的顶端优势，合理修剪，可以让植物变成理想的形状。

如果没有植物……

现在，你对植物已经非常了解了。可是，想问你一个可怕的问题——如果没有了植物，世界会变成什么样？

如果没有了植物，就不会再有粮食、水果、蔬菜……

如果没有了植物，也就不会有漂亮的花朵和美丽的风景。

如果没有了植物，吃草的动物会饿死，吃肉的动物将无肉可吃，也会饿死。最终动物也会消失。

如果没有了植物，地球表面就缺少了保护，到处都会是灾难。

沙尘暴肆虐……

泥石流横行……

土壤被雨水冲刷干净，只剩下岩石和水……

如果没有了植物，也就无法再产生氧气，地球上的生命将不复存在……因此，我们一定要爱护花草，保护植物。

生物达人 小测试

挑战

看完这本书，我们知道了人类生活离不开植物。有了植物，才会有我们赖以生存的氧气和其他营养物质。那现在就要考考你了，植物是怎么制造氧气的？它们又是靠什么维持生命的？想要成为一个生物达人，可不是那么容易的哦！现在就来挑战一下吧！每道题目1分，看看你能得几分！

按要求选择正确的答案

1.在植物界，种类最多、分布最广的一类植物是（　　）。
A.藻类植物　　B.蕨类植物　　C.裸子植物　　D.被子植物

2.藻类植物、苔藓植物与蕨类植物都不形成的器官是（　　）。
A.根　　　　B.茎　　　　C.叶　　　　D.种子

3.种庄稼需要施肥，肥料的作用是给植物的生长提供（　　）。
A.有机物　　B.水　　　　C.无机盐　　D.氧气

4.花是由（　　）发育而成的。
A.花芽　　　B.花柄　　　C.花轴　　　D.花梗

5.我国的植树节是（　　）。
A.2月12日　B.3月12日　C.4月5日　　D.3月15日

判断正误

6.绿色开花植物的一生中，每个发育阶段都具备6种器官。（　　）

7.晒干的植物种子中含水分。（　　）

8.一株绿色开花植物的营养器官是根、种子、叶。（　　）

34

在横线上填入正确的答案

9.绿色植物通过叶绿体利用光能，把＿＿＿＿＿＿＿＿＿＿和水转化成储存能量的有机物（如淀粉），并且释放出氧气的过程叫作＿＿＿＿＿＿＿＿＿＿。

10.我们看到的一些优美的植物造型是园艺师利用了植物的＿＿＿＿＿＿＿＿＿，合理修剪出的理想形状。

你的生物达人水平是……

 哇，满分哦！恭喜你成为生物达人！说明你认真地读过本书并掌握了重要的知识点，可以自豪地向朋友展示你的实力了！

 成绩不错哦！不过，在阅读的过程中，你是不是记错或弄混了一些知识点？将错题再核对一下吧！

 你是不是只读了那些非常精彩的部分？有些关于植物的知识书中着重讲过，再返回去复习一下吧！

 分数有点儿低哦！再仔细阅读一下本书的内容，好好学习下植物的生长规律吧！相信你会有新的收获。

词汇表

根

植物的营养器官之一，通常在地下，负责吸收土壤里的水分和植物所需的物质。

茎

大多数植物的主干，运送营养和支撑植物。

叶

叶是植物的"生产工厂"，植物的营养物质主要在这里合成。

花

植物的生殖器官，由花瓣、雄蕊、雌蕊等组成。

果实

由花的雌蕊发育而来，比如桃、苹果、梨都是果实。

种子

一般被包裹在果实里，可以发育成新的植物。

光合作用

绿色植物吸收光能，将二氧化碳和水合成有机物和氧气的过程。

呼吸作用

细胞利用氧气把有机物分解成二氧化碳和水，同时释放能量的过程。

蒸腾作用

水分从植物叶子以水蒸气的状态散失到大气中的过程。